掌心里的童话
古董毛绒小动物制作

[日] 森田宽子　著

田草　译

东华大学出版社·上海

鼠婆婆今天开门的时候又是一脸的不高兴。

为什么这么说呢？因为孩子们都到她家来了。

"你们怎么又来了！"

"快把脏兮兮的脚擦一擦！"

"不准在床上跳来跳去！"

鼠婆婆一刻不停地唠叨着。

"我做了馅饼，快来趁热吃了！"

"吵架的话就不给你们吃了哦。"

"要放香菜的话，把盘子端过来。"

"那边的房间有风，在这边玩吧！"

"怎么流鼻涕了，喝点热牛奶吧。"

"真是的，托你们的福，我的午睡全泡汤了！"

虽然嘴上这么说着，但鼠婆婆依然温柔地摸着孩子们的头，

不用多说，孩子们最喜欢的就是鼠婆婆了！

森林里的小故事
刀子嘴豆腐心的鼠婆婆

"一起来寻找春天，然后画下来吧！"

"大家找到的春天是什么样的呢？我很期待哦。"

老师笑眯眯地说完，就把孩子们留在院子里，

自己回教室了。

孩子们瞬间作鸟兽散，各自寻找春天去了。

不一会儿的功夫，孩子们就围着花呀、野莓呀、杉菜之类的

画了起来。

一些怎么也找不到春天的孩子们，

一筹莫展地去找老师了。

大家一走进教室，就你看看我，我看看你，

如愿以偿地笑了。

原来，春天在这里！

靠在那里的，正是嘴角带着微笑，脑袋上下点着，

睡得正香甜的老师。

森林里的小故事
让老师也昏昏欲睡的春日暖阳

迷糊姐和可靠妹非常要好。

今天她们也要一起出去玩落叶。

"家里没人，把钥匙带上。"

妈妈把钥匙交给了妹妹。

这时，姐姐从旁边把钥匙抢走了。

"姐姐不能把钥匙弄丢哦！"

妈妈一脸担心地叮嘱。

等到落叶也玩儿腻了的时候，姐姐看起来有点儿怪怪的。

她一会儿焦急地在落叶中翻找，

一会儿在池塘边探头探脑。

"这里没有！那里也没有！钥匙不见了！"

姐姐终于"哇——"的一声哭了出来。

妹妹急忙过去，把姐姐头上的帽子摘了下来。

"姐姐，为了不弄丢钥匙，你不是把它放在帽子里了吗？

你看！在这儿呢！"

原来，钥匙正好好地放在头上呢。

果然是迷迷糊糊的姐姐，可可靠靠的妹妹呢！

森林里的小故事
迷迷糊糊和可可靠靠的松鼠姐妹

"我知道你是不会吃掉我的。

但是妈妈告诉我，绝对不可以接近你。"

"我发誓，我绝对不会吃掉你。

但是我的妈妈也跟我说，不能接近你。"

父母的嘱咐是很重要的。

可是，

孩子们只是想交个朋友而已。

森林里的小故事
想要变成好朋友的小狼和小兔子

乍一看一副成熟稳重的好孩子模样的小猫咪，
其实是个出人意料的调皮小捣蛋。
可是，大家却并不知道。
他实在是太擅长恶作剧了！

上周，他在公园立了一块"小心有鬼！"的告示牌
把朋友吓了一跳。
昨天，他在蔬果店的苹果底下藏了十条用黏土做的毛毛虫，
顾客吓得大叫，他却笑个不停。
今天给爱干净的白熊家的墙壁泼点白糖水好了。
傍晚用蚂蚁做下酒菜喝一杯吧！
啊！恶作剧真好玩儿！

他正呵呵笑着，
一个白色的信封被递了过来："你妈妈给你的信到了哟。"
寄信人一栏是空的。
小猫虽然觉得奇怪，但还是拆开了信封。

封口处写着红色的字：
"我都知道的哦，我在看着你哟！"
紧跟着，一大堆照片哗啦啦地掉了出来，
上面赫然印着正在恶作剧的小猫。

听到小猫的哀嚎，
一脸得意地微笑着的
正是看透了小猫本性的，
也喜欢恶作剧的
猫妈妈。

森林里的小故事
热衷于恶作剧的小猫咪

初次见面

小时候，你有喜欢的绘本吗?
不论是国内还是国外的，小动物像人一样说话、生活的故事书，
我都喜欢。
有的小动物穿着暖和的衣服围着摆满美食的餐桌，
有的正在泡澡。
好的、坏的、墙头草……
各类角色交织演绎，
无论是故事情节还是插画都令我十分着迷。

我差不多是十年前开始制作毛绒玩偶的。
那时看着从图书馆借来的书，我做出了第一个作品，
一只做工粗糙、技巧拙劣的小熊。
但是我很爱惜它，直至今日也常常拿在手中跟它说些悄悄话。
在持续的创作中，
像绘本那样的故事不断浮现在我的脑海。
如今，曾经喜欢过的绘本世界在我心中无限延伸开来。

如果读者们能以此为契机，通过这本书，
找到自己的爱好所在，我会很高兴。

万事开头难。
在能够熟练制作之前，即便是小小的毛绒玩偶，
也无法达到预想的完成度吧!
但是，即使是那样粗糙拙劣的玩偶，也一定会成为值得被爱的存在。
然后，在这样持续的创作中，
你们的内心也一定会诞生出故事的吧!
请一边聆听小动物们快乐的闲谈，
一边为他们创造一个又一个可爱的小伙伴吧!

期待大家的绘本哦。

森田宽子
moriのえほん

目 录

森林里的小故事

小熊和小小熊

制作方法：6.5cm、8cm、10cm/P.40　5.5cm/P.60

6.5cm

10cm

8cm

5.5cm

小猫

制作方法：P.52

7cm

9cm

小兔和小小兔

制作方法：8cm、10cm/P.56　　6cm/P.60

8 cm   10 cm   6 cm

小羊

制作方法：P.62

7cm　　9cm

9cm 7cm

小松鼠

制作方法：P.66

9cm

7cm

8.5cm   10cm

小象

制作方法：P.70

9cm   7cm

9cm

7cm

小鼠

制作方法：P.72

坐着的小兔

制作方法：P.76

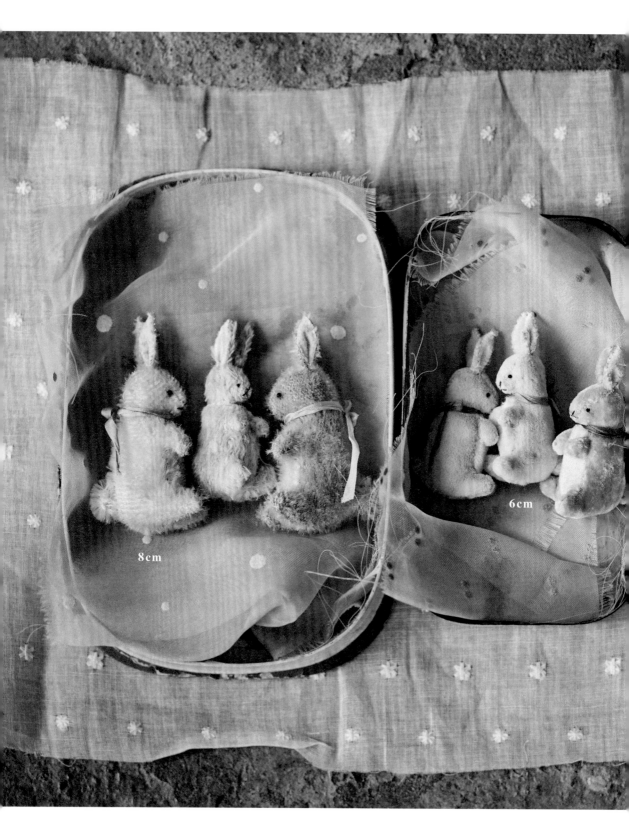

8cm

6cm

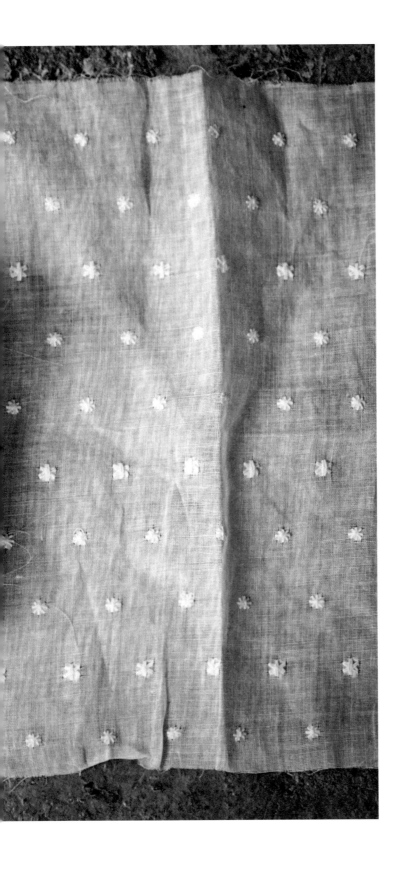

四脚站立的小狗

制作方法：P.80

5cm

6cm

6cm

8cm

四脚站立的小羊

制作方法：P.82

制作方法

工具

· · · · · ·

A 剪刀

裁剪马海毛时使用剪刀的刀尖，小心地避开毛，在底布上下剪刀。推荐使用刀刃短、尖端细的剪刀。

B 镊子

用于缝合小裁片之后，从返口处将小裁片正面翻出来。推荐使用尖端部有弧度的镊子。

C 圆头锥

袖珍玩偶专用。用于调整裁片翻面后的角落，或者塞填充棉。

D 各种针

最左边的长粗针，用于安装玩偶手脚或加固缝合。旁边的是刺绣针（我比较喜欢使用 8 号和 9 号的针），我当作缝纫针来使用，可以根据布的厚度更换不同粗细的针，选择便于使用的型号。中间的细针是串珠针，用于安装眼珠。最右边的两根是定位针，用于固定眼睛或手脚之类的部件。

E 钳子

连接脖子和身体时，用来拧紧玩偶关节片的钉销。推荐使用细尖端的钳子。

F 笔

用来将纸样拓描到布上。推荐使用 0.28 ~ 0.38mm 粗细的水性笔。在深色的布料上宜使用白色的笔。

G 拔毛钳

用于拔掉眼睛周围的毛，或者对做好的毛绒玩偶做梳毛处理，做出复古效果。

H 起毛刷

梳理毛流，刷出夹在缝合针脚里的毛。

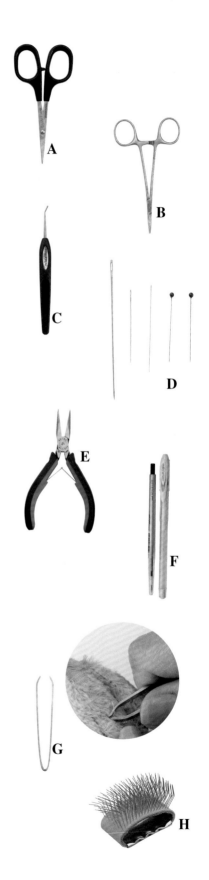

材料
·······

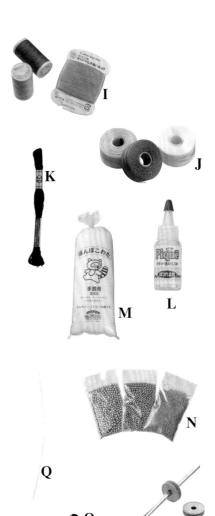

I 缝纫线
配合所使用马海毛的颜色来选择。推荐使用"Duet"（一个缝纫线品牌）之类结实且光滑的线。

J 尼龙线
尼龙线比缝纫线更结实，用于固定玩偶关节片或安装眼珠。安装眼珠时，可用黑色的笔将露在外面的线涂黑，使其隐蔽一些。

K 刺绣线
用于刺绣鼻子、嘴巴和指甲。本书中的例子多使用25号的褐色、黑色和粉色刺绣线。

L 锁边液
不缝纫时可直接用来涂抹收边，也用于毛布边的锁边。

M 毛绒玩偶专用填充棉
毛绒玩具专用的填充棉，根据填充方式不同，填充效果有蓬松的也有紧实的。本书中的毛绒玩偶填充得较为紧实，因此更推荐使用有一些湿润感的填充棉。

N 不锈钢珠
在毛绒玩偶的身体中放入不锈钢珠，使其产生重量感。本书中使用的不锈钢珠直径在3mm以内。10cm的小熊使用量约为30颗。可以根据个人喜好调整用量。

O 黑玛瑙珠
用来做毛绒玩偶的眼睛。本书中根据毛绒玩偶的尺寸，分别使用直径为1.5mm和2mm这两种规格的黑玛瑙珠。

P 玩偶关节片
用来连接身体和头。6mm的尺寸使用1根钉销，2片垫片。

Q 钢丝
26号钢丝。用线缠绕后，可以当作小鼠的尾巴。

其他材料
可以通过简单的手工制作毛绒玩偶的围巾、披肩和围裙等。准备一些小碎布头、细毛线之类的材料更便于制作。

布料
·······

马海毛

用于制作毛绒玩偶的马海毛布料，原料为安哥拉山羊毛。马海毛种类繁多，但本书中主要使用的只有五种。直马海毛的毛笔直，长度各异。短马海毛的毛有些凌乱，适合用来做复古风的作品。卷曲马海毛具有波浪和毛流两种特性，适合做小猫之类的玩偶。稀疏马海毛的毛密度低，纹理看起来有些斑驳，因此不适合用来制作本书中较小的毛绒玩偶。喷花马海毛的毛经过褶皱加工，做出来的毛绒玩偶具有独特的质感。

羊驼毛

本书中用来制作小兔和小羊。毛发柔软，手感极佳。

羊毛

质感粗糙，质地紧实。适合制作复古风的作品。

黏胶布料

用黏胶布料制作的裁片即使很小也可以轻松翻面，因此适用于制作袖珍玩偶。过一遍水后，用起毛刷梳理，就变蓬松了。还可以通过揉搓、弄脏毛发来做出复古效果。卷毛黏胶布料适合做小羊。

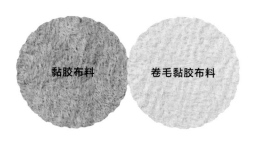

袖珍玩偶毛皮

袖珍玩偶专用的毛绒玩偶布料。具有不易脱线、易于翻面的优点，推荐新手使用。

麂皮绒

用于耳朵里面及脚掌。

店铺推荐

泰迪熊材料线上专卖店 SANTACRUZBEAR
https://www.santacruzbear.net/
京都 MARUKUMA
https://kyoto-marukuma.com/
LINTUKOTO
https://shop.lintukoto-torinoie.com/
PRIMERA
https://primera-corp.co.jp/
JAPAN TEDDYBEAR
http://www.teddybear.co.jp/

打造复古效果的工具和使用方法

纺织品专用颜料和笔

用水将颜料稀释，用笔涂抹眼睛边缘、耳朵、身体、脚等因经年老化而容易变脏的地方。注意涂完后用手揉搓面料，使其过渡自然。如果不想弄脏手，可佩戴一次性手套后再操作。推荐使用黑色、褐色系的颜料。

蜡笔

多使用黑褐色、黑色。用手指擦拭揉搓后，涂抹到想要脏污更明显的地方。

酒精马克笔

马克笔色彩丰富，可用来给脸颊涂上粉红色，在耳朵内部裁片等处加深层次。

小熊

一只想要让它常伴身边的朴素小熊。

这只小熊还有许多自由发挥的空间，期待大家的复古风改造。

等技巧熟练后，不妨尝试制作不同尺寸的小熊哦！

10cm

〈关于纸样〉

纸样请参看 P.87。

* 8cm 的小熊纸样需缩小至 80%，

　6.5cm 的小熊纸样需缩小至 65%。

〈材料〉

10cm、8cm、6.5cm 的小熊

黏胶布料（毛长 5 ~ 7mm）：15cm×20cm（10cm
的小熊用量）

* 8cm 的小熊用量为 12cm×16cm

　6.5cm 的小熊用量为 10cm×13cm

麂皮绒（用于脚掌，米色，0.5mm 厚）：2cm×3cm

黑玛瑙珠（直径 1.5mm）：2 颗

* 6.5cm 小熊的眼睛，参看法式结粒绣（右页）

玩偶关节片（6mm）：1 套

不锈钢珠：适量

缝纫线、尼龙线、刺绣线、珍珠棉：各适量

8cm

6.5cm

在布上拓纸样

注意毛向，在布的反面拓图。

裁剪布料

1 裁剪时预留 3mm 的缝份。

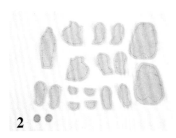

2 裁剪完成的样子。

身体裁片的收省

1 分别对两片身体的裁片收省。

2 中心对折后缝合。

3 缝合完成的样子。

本书中使用的三种缝纫针法

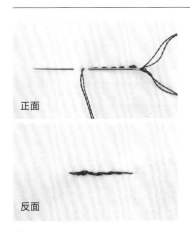

正面

反面

○ 半回针缝

先缝一针，然后在此针脚的中心处回缝。再缝一针，同样在针脚的中心处回缝，如此循环往复。正面看是平针，反面却是针脚相继的。需要将布料缝合牢固时可使用此针法。缝合裁片时一般使用这种针法。

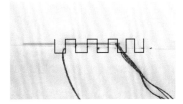

○ 藏针缝

用于缝合返口且需要隐藏针脚时。类似于"弓"字闭合，即用线同时笔直地穿过两侧的折痕。

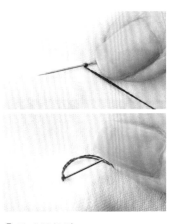

○ 法式结粒绣

用于缝制眼睛。线尾打结，从需要刺绣的位置的反面出针。然后在针上绕一圈线圈，手指一边压住线圈，一边从出针处入针。豆豆眼采用双股线，大眼睛采用三股线。

身体的缝制

1 将已收省的两片身体的裁片正面相对，留出返口缝合一周。

2 缝合完成的样子。

在头的位置做记号

翻面之前，用铅笔在关节插入点做记号。

身体的翻面

1 用镊子夹住一部分布，从返口翻面。

2 用圆头锥从内部调整细节，确保翻面后表面平整。

3 翻面完成的样子。

头部的缝制及翻面

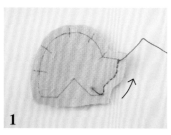

1 将头的左右两侧裁片正面相对，缝合下巴到鼻尖段。

2 将头的中央裁片缝到步骤1的鼻尖处，并剪断线。

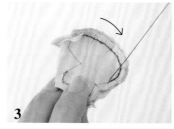

3 缝合头的左右两侧裁片的圆弧段。

4

缝合完成的样子。

5

分别对头部左右两片收省。

6

用镊子夹住一部分布，从返口处翻面。最后用圆头锥从内部调整细节。

在头部填充棉料

1

将填充棉撕碎，用圆头锥少量多次地紧紧塞入。

2

填充完成的样子。

耳朵的缝制

1

将耳朵的裁片正面相对，缝合半圆部分，最后从布的正面出针。

2

将步骤1完成的裁片翻面。

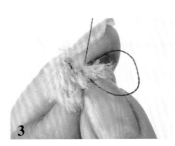

3

将返口的一边往另一边稍稍卷折并锁缝（锁边）包住布边。另一只耳朵也采用同样的方法制作。

在头上安装耳朵

1

将耳朵稍微向内弯曲并用定位针固定。

2

用预留在耳朵上的线将耳朵缝在头上。

3

将缝完的线从后脑勺抽出。

4

打结。

5

从出针处再入针，并从其他地方出针。

6

拉紧线，"啪"的一声响代表线结被拉进头中，最后用剪刀将线剪断。

毛绒玩偶的打结方法

将打完结的线从出针处再入针，在相隔一段距离的地方出针。拉紧线将线结藏入玩偶身体内（进入时会发出"啪"的响声）。线的收尾步骤都依照这个方法处理。

将玩偶关节片放入头里

1

取 2 股尼龙线穿针，围绕脖子疏缝一圈。

2

放入预先穿好 1 片垫片的玩偶关节片。

3

用力拉紧线，直到钉销不再摇摇晃晃。

4

一边紧紧地拉住线，一边再缝 2~3 圈使其更牢固。

5

玩偶关节片安装完毕的样子。

刺绣鼻子和嘴巴

1

取 2 股刺绣线穿针，从下巴下面入针，从鼻尖出针。

提示 刺绣线用1股或2股都可以。可根据毛绒玩偶的尺寸，按自己的喜好灵活安排。

2

用针从下至上稍微挑起一点布料，小心地刺绣，直到绣出自己满意的鼻子。

3

在稍微远离鼻子的位置出针，再在同一个位置入针，在鼻子下方中心处出针。

4

在鼻子下方2mm处入针。

5

在斜右下方出针，在步骤 4 的下方入针。

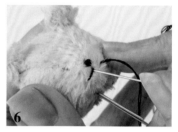

6

另一边也按同样的方法刺绣，最后在后脑勺出针，打结，做收尾处理。

鼻子的刺绣种类

1

上下挑起布料，刺绣出鼻子。

2

按喜欢的长度向左右两边刺绣出鼻子。

3

横向刺绣，将③的线勾在①和②之间绣出 V 字形。

适用于小熊、松鼠等

适用于小熊

适用于小兔、小羊等

安装眼睛

1

用定位针确定眼睛的位置。

2

取 2 股尼龙线穿入串珠针，从后脑勺朝其中一只眼睛的定位针入针并拉出，打结，将线结藏入头中。

3

取一颗珠子穿针，在错开定位针 1mm 处入针。

4

从后脑勺出针，将线拉出。

5

在步骤 4 的出针处再次入针，按同样的方法安装另一只眼睛。

6

从后脑勺出针，打结，做收尾处理。

7

头做完的样子。

连接头和身体

1

将玩偶关节片的钉销插入身体做了记号的地方。

2

在插好的钉销上穿入1片垫片。

3

将垫片往深处塞，用钳子将钉销分别往两边外侧弯折。

4

将弯折好的钉销向中间紧靠,牢牢固定。

5

根据自己的喜好，从身体的返口放入适量的不锈钢珠。

6

将填充棉撕碎，用圆头锥少量多次地紧紧塞入。

提示 如果玩偶关节片周围的填充棉塞得紧实，头就不会左摇右晃。

7

用藏针缝闭合返口。

8

用圆头锥将露出的填充棉和缝份藏进针脚里面。

9

用力拉紧线使返口闭合，在别处出针，打结，做收尾处理。

四肢的缝制

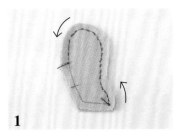

1 缝制腿部。将两片腿部裁片正面相对，缝合脚尖至返口上方段。

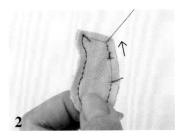

2 缝合返口下方至脚后跟段。

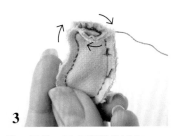

3 缝一圈线，固定脚掌的绒布。

4 继续缝，一直缝回返口下方。

5 保留剩余的线，用镊子翻面。翻面后用圆头锥从内部调整细节，确保正面平整。

6 将填充棉紧紧塞入后，用藏针缝闭合返口。

7 取 2 股刺绣线穿针，刺绣 4 个指甲。对另一只脚也做相同处理。

8 缝制手臂。将 2 片手臂裁片正面相对，留出返口缝合。翻面，填充后闭合，刺绣 4 个指甲。
提示 将手的指甲朝向外侧。

9 所有部件准备完毕。

安装四肢

1

将定位针从两腿的上方 1cm 处插入身体，以此确定腿的位置。

2

取 2 股尼龙线穿入长粗针。将定位针抽出少许，以便看清腿和身体之间的部分，从定位针穿出的针眼处入针。

3

径直穿过身体，从右腿的定位针入针处出针。出针时拔掉定位针。

4

从出针处再次入针，在腿的内侧错开 2mm 左右出针。

5

身体也是从出针处错开 2mm 左右入针。再次径直穿过身体，用力拉紧线将腿固定。

6

左腿也按同样的方法固定。

7

再次按上述方法将针一次性穿过身体和腿，用力拉紧线使其牢牢地固定。

8

在出针处再次入针，在身体另一侧出针，打结，做收尾处理。

9

手臂也按同样方法安装，图示为四肢安装完毕的样子。

可以按个人喜好用拔毛钳拔掉一些毛，也
可以用颜料将表面做旧，或者仅仅是更换
马海毛的质地、调整眼睛的大小和鼻子的
刺绣种类（P.46），就可以创造出形态各
异的小熊。

小猫

这是一款可以改变嘴形的小猫玩偶。
适合使用蓬松的布料来制作，比如大波浪毛、卷曲马海毛之类的，选择喜欢的颜色来试试吧！

〈关于纸样〉

纸样请参看 P.87。

* 7cm 的小猫纸样需缩小至 80%。

〈材料〉

9cm 的小猫

卷曲马海毛（毛长 15 ~ 20mm）：15cm×18cm

袖珍玩偶专用毛皮（用于嘴）：2cm×3cm

羊驼毛（用于肚子，白色，毛长 10mm）：
6cm×4cm

麂皮绒（用于耳朵里面，白色，0.5mm 厚）：
3cm×3cm

黑玛瑙珠（直径 2mm）：2 颗

玩偶关节片（6mm）：1 套

不锈钢珠：适量

缝纫线、尼龙线、刺绣线、毛绒玩偶专用填充棉：各适量

7cm 的小猫

喷花马海毛（毛长 10mm）：12cm×15cm

袖珍玩偶专用毛皮（用于嘴）：2cm×2cm

羊驼毛（用于肚子，白色，毛长 10mm）：
5cm×3cm

麂皮绒（用于耳朵里面，白色，0.5mm 厚）：
3cm×3cm

黑玛瑙珠（直径 1.5mm）：2 颗

玩偶关节片（6mm）：1 套

不锈钢珠：适量

缝纫线，尼龙线，刺绣线，毛绒玩偶专用填充棉：各适量

制作步骤参见小熊（P.40）的内容。小猫的脚没有做脚掌，请使用和手同样的方法制作。

本节会讲解小猫特有的头、身体和耳朵的制作方法。用于制作耳朵内侧的麂皮绒，不需要预留缝份，请沿纸样中的实线裁剪。

最后分别刺绣 3 个手指甲和 3 个脚趾甲。

尾巴的制作请参看小狗尾巴的安装方法（P.65）。

梳理裁剪完的马海毛

1
用起毛刷梳理毛流。

提示　长毛的马海毛一定要用起毛刷梳理毛流。

2
一边转动布料，一边将步骤 1 裁片缝份上的毛剪掉。

提示　对于长毛布料，先剪掉缝份处的毛，更便于缝制。

缝制身体

1
分别将身体和肚子的裁片正面相对，缝合。

2
拼接步骤 1 缝合后的两个部分，缝合肚子上方至返口下方段。

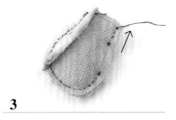

3
缝合返口上方。取 2 股线，从下至上缝合，打结。保留剩余的线。

4
用步骤 3 中保留的线在脖子处疏缝一圈。

5
用力拉紧线，打一个结，接着往回缝到返口处。玩偶关节片的插入点，就是疏缝后拉紧线形成的中间部分。

6
保留线，用镊子翻面。翻面后用圆头锥从内部调整细节，使表面平整。

头的缝制

1

用起毛刷梳理毛流，剪掉缝份上的毛。

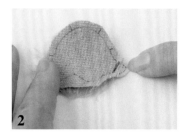

2

分别将左右两侧、头的中间和嘴巴等裁片各自正面相对，缝合。

3

缝合完成的样子。

4

和小熊一样，将裁片的鼻尖对准后缝合，剪断线。

提示 头和嘴的布料的颜色完全不同时，最好更换线，与面料的颜色一致。例如，当头是黑色，嘴巴是白色时，嘴巴用白色的线缝制，而头用黑色的线缝制。

耳朵的缝制

1

将用作耳朵内部的麂皮绒放置在耳朵外部裁片的内侧，然后将耳朵外部裁片的边缘向内翻折，进行锁缝。

2

转角部分需要稍微修剪一下，以便翻面后角落圆顺。

3

两条边缝好之后的样子。

4

底边也稍微向内卷，再锁缝。

5

缝合完成的样子。保留剩余的线。用粉色的酒精马克笔晕染耳朵内部。

将耳朵安装在头上

1

将耳朵折成"V"字形,保持弯折,用定位针固定在头上并缝合。

提示 安装耳朵的时机应根据整体的平衡来决定,也可以等到所有部位都安装完毕后再进行。总之,根据自己的判断,在合适的时机制作耳朵和五官吧!

2

耳朵、眼睛、鼻子和嘴巴制作完成的样子。

提示 刺绣鼻子和嘴巴的线,根据个人喜好用1股线或2股线都可以。把鼻子做成粉色,会更像小猫。

3

将眼睛周围的毛剪掉,用拔毛钳梳毛,将眼睛完全露出来。

提示 根据自己喜欢的脸型,用剪刀或拔毛钳对毛较长的毛绒玩偶的脸部做调整。剪掉下巴下面的毛,整体会给人一种清爽的感觉。

围巾和围裙

喜欢的蕾丝:适量
丝带(3mm 宽):适量
珠子:1颗

＊ 按照脖子的粗细裁剪蕾丝,用胶水固定即可做成围巾。

＊ 按照腰的粗细裁剪蕾丝,用胶水将丝带粘贴在蕾丝上部,再涂上胶水并折叠,最后缝上喜欢的珠子,围裙就做好了。

小兔

挑选你喜欢的耳朵样式，招风耳或垂耳都可以。
在耳朵内侧涂一点点粉色，让小兔看起来更可爱！
建议选用质地柔软的布料。

〈关于纸样〉

纸样请参看 P.88。

小兔的身体和肚子部分都是白色的，因此可以将纸样合在一起
裁剪。

＊ 8cm 的小兔纸样需缩小至 80%。

〈材料〉

10cm 的小兔

羊驼毛（毛长 10mm）：15cm×18cm

羊驼毛（用于肚子，毛长 10mm）：6cm×4cm

麂皮绒（用于耳朵里面，白色，0.5mm 厚）：
4cm×4cm

黑玛瑙珠（直径 2mm）：2 颗

玩偶关节片（6mm）：1 套

不锈钢珠：适量

缝纫线、尼龙线、刺绣线、毛绒玩偶专用填充棉：
各适量

8cm 的小兔

黏胶布料（毛长 5 ~ 7mm）：12cm×15cm

黏胶布料（用于肚子，毛长 5~7mm）：5cm×4cm

麂皮绒（用于耳朵里面，白色，0.5mm 厚）：
4cm×4cm

黑玛瑙珠（直径 1.5mm）：2 颗

玩偶关节片（6mm）：1 套

不锈钢珠：适量

缝纫线、尼龙线、刺绣线、毛绒玩偶专用填充棉：各
适量

围巾

喜欢的丝带：适量

＊ 按照脖子的粗细裁剪丝带，系上就成了围巾。

按小熊（P.40）的步骤制作，只是制作身体的步骤有所改变。小兔的脚制作方法和手一样，不需要制作脚掌。耳朵的做法请参看小猫耳朵的缝制步骤（P.54）。分别给手和脚各刺绣 3 个指甲。

耳朵的安装

1

在头上刺绣出鼻子和嘴巴，放入玩偶关节片。

2

将麂皮绒放置在耳朵外部裁片的内侧，然后将耳朵外部裁片的边缘向内翻折，进行锁缝。

3

用粉色的酒精马克笔晕染耳朵内部。

4

用手指涂抹染色的地方。

5

制作完成的耳朵。

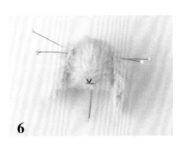

6

用定位针固定垂耳并缝合。按个人喜好决定制作眼睛和安装耳朵的先后顺序。

7

将招风耳的根部对折，缝两三针固定。保留剩余的线。

8

用定位针固定并安装耳朵。

尾巴的安装

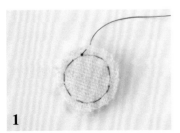

1

沿净缝线疏缝一圈。

2

将步骤 1 完成的尾巴翻面，在中间放上填充棉，拉线收紧后打结。

3

用定位针将尾巴固定，缝在屁股上。

小小熊和小小兔

用剩的布料不要扔，收集起来，做成小小熊和小小兔吧！
这个尺寸的玩偶，颈部不需要装关节片，直接将头缝在身体上就可以。

5.5cm

6cm

5.5cm 的小小熊　　　　**6cm 的小小兔**

〈关于纸样〉
纸样请参看 P.88。

〈材料〉
小小熊
黏胶布料（毛长 5~6mm）：10cm×12cm
麂皮绒（用于脚掌，0.5mm 厚）：3cm×3cm
不锈钢珠：适量
缝纫线、尼龙线、刺绣线、毛绒玩偶专用填充棉：各适量

小小兔
黏胶布料（毛长 5~6mm）：10cm×12cm
麂皮绒（用于耳朵里面，白色，0.5mm 厚）：3cm×3cm
不锈钢珠：适量
缝纫线、尼龙线、刺绣线、毛绒玩偶专用填充棉：各适量

围巾

喜欢的蕾丝或绳子：适量
＊ 按照脖子的粗细裁剪蕾丝，系上就成了围巾。

小小熊的制作方法

1 按纸样在布上拓描下来，裁剪时留出 3mm 缝份。

2 分别给两片身体的裁片收省。

3 将步骤 2 处理好的裁片正面相对，留出返口缝合其他轮廓（A）。

4 翻面，用圆头锥从里面调整细节，使表面平整。

    提示 裁片太小难以翻面时，可以将锁边液涂抹在缝份上，趁未干时用镊子捏紧即可。

5 如果需要做出重量感，可按个人喜好放入适量的不锈钢珠。

6 用圆头锥将撕碎的填充棉一点一点地塞入，塞紧实。

7 用藏针缝缝合返口。

8 参看小熊的制作方法（P.43）制作头和耳朵，刺绣嘴巴和鼻子。用法式结粒绣绣出眼睛。

9 无需放入玩偶关节片，直接疏缝后拉紧缝线（B）。

10 用定位针将头固定在身体上（C），缝合（D）。

11 参看小熊的制作方法（P.49）制作四肢，将四肢安装在身体上（P.50）。

12 分别给手脚各刺绣 4 个指甲。

A

B

C

D

小小兔的制作方法

1 按纸样在布上拓描下来，裁剪时留出 3mm 缝份。

2 将身体的裁片正面相对，留出返口缝合其他轮廓。

3 翻面，用圆头锥从里面调整细节，使表面平整。

    提示 裁片太小难以翻面时，可以将锁边液涂抹在缝份上，趁未干时用镊子捏紧即可。

4 如果需要做出重量感，可按个人喜好放入适量的不锈钢珠。

5 用圆头锥将撕碎的填充棉一点一点地塞入，塞紧实。

6 用藏针缝缝合返口。

7 参看小熊的制作方法（P.43）制作头，刺绣嘴巴和鼻子。用法式结粒绣绣出眼睛。

8 参看小兔的制作方法（P.57）制作耳朵，将其安装在头上。

9 无需放入玩偶关节片，直接疏缝后拉紧缝线。

10 用定位针将头固定在身体上，缝合。

11 参看小熊的制作方法（P.49）制作四肢，将四肢安装在身体上（P.50）。

12 参看小兔的制作方法（P.57）制作并安装尾巴。

13 分别给手脚各刺绣 3 个指甲。

小羊

建议使用质地柔软，毛发酷似小羊的羊驼毛来制作。
圆圆的脸和垂耳、柔和的嘴角，看起来更协调。
将脸颊染成粉红色效果更好哦！

〈关于纸样〉

纸样请参看 P.89。

＊ 7cm 的小羊纸样需缩小至80%。

〈材料〉

9cm 的小羊

羊驼毛（毛长 10mm）:13cm×16cm

麂皮绒（用于耳朵里面，白色，0.5mm 厚）:
2cm×4cm

麂皮绒（用于脚掌，米色，0.5mm 厚）:
3cm×4cm

黑玛瑙珠（直径 2mm）: 2 颗

玩偶关节片（6mm）: 1 套

不锈钢珠：适量

缝纫线、尼龙线、刺绣线、毛绒玩偶专用填充棉:
各适量

7cm 的小羊

羊驼毛（毛长 10mm）: 11cm×14cm

麂皮绒（用于耳朵里面，白色，0.5mm 厚）:
2cm×3cm

麂皮绒（用于脚掌，米色，0.5mm 厚）:
3cm×3cm

黑玛瑙珠（直径 1.5mm）: 2 颗

玩偶关节片（6mm）: 1 套

不锈钢珠：适量

缝纫线、尼龙线、刺绣线、毛绒玩偶专用填充棉:
各适量

制作步骤参见小熊（P.40）的内容。

本节会讲解小羊特有的头的制作方法。

身体和耳朵的做法参看小猫（P.53~54）的相关内容。

耳朵的安装方法参看小兔（P.57）的招风耳安装方法，安装时将耳朵朝下。

小羊没有指甲，不需要刺绣。

头的缝制

1

准备头的左右片、后脑勺的裁片。

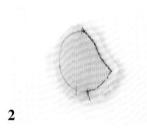

2

将左右裁片的正面相对，缝合头的上部到下巴下方段。

3

将步骤 2 和后脑勺的裁片正面相对，留出返口缝合。

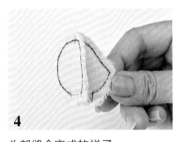

4

头部缝合完成的样子。

5

用镊子翻面，用圆头锥从里面调整细节，使表面平整。

提示　觉得毛太长时,可分别将每个裁片的毛发修剪成喜欢的形状，少量多次地修剪以免失败。修剪后，更便于刺绣鼻子和嘴巴。

背带裙

喜欢的毛线：适量

亮片：适量

＊ 9cm 的小羊用 2 号钩针，
　7cm 的小羊用 1 号钩针。

钩织方法

① 起 30 针锁针，前后连接成环。

② 参看图样，一边减针一边钩织裙摆部分。

③ 剪断线，钩织肚兜部分。按照喜欢的宽度用
　7~10 针钩织 4 行。

④ 分别从肚兜的两角各钩 10 针锁针，在背后十
　字交叉，固定在裙腰上。

⑤ 按个人喜好缝一些亮片作为装饰。

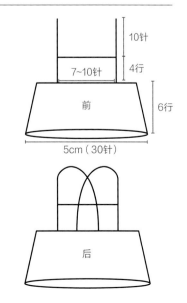

行数	针数	减针数
4~6	25	—
3	25	-5
2	30	—
1	30	—

小狗

小狗的亮点在于大大的尾巴和低垂的耳朵。
制作完成后可以拔掉一些毛，做出复古的效果。
试试不同的鼻子造型，给它添加一些小伙伴吧！

〈关于纸样〉

纸样请参看 P.89。

＊ 7cm 的小狗纸样需缩小至 80%。

〈材料〉

9cm 的小狗

稀疏马海毛（毛长 10mm）：15cm×18cm

麂皮绒（用于耳朵里面及脚掌，米色，0.5mm 厚）：
3cm×8cm

黑玛瑙珠（直径 1.5mm）：2 颗

玩偶关节片（6mm）：1 套

不锈钢珠：适量

缝纫线、尼龙线、刺绣线、毛绒玩偶专用填充棉：
各适量

7cm 的小狗

黏胶布料（毛长 5~6mm）：12cm×17cm

麂皮绒（用于耳朵里面及脚掌，米色，0.5mm 厚）：
3cm×7cm

黑玛瑙珠（直径 1.5mm）：2 颗

玩偶关节片（6mm）：1 套

不锈钢珠：适量

缝纫线、尼龙线、刺绣线、毛绒玩偶专用填充棉：
各适量

按小熊（P.40）的步骤制作。

接下来会说明小狗特有的尾巴的安装方法。

头的做法参看小羊的相关内容（P.63），身体的做法参看小猫的相关内容（P.53）。

耳朵的做法参看小猫的相关内容（P.54），耳朵的安装方法参看小兔垂耳的安装方法（P.57）。

分别给手脚各刺绣 4 个指甲。

尾巴的安装方法

1 缝合尾巴是最后一步。用定位针将尾巴固定在合适的位置。

2 用线围绕尾巴缝合一周。

小挎包

喜欢的毛线：适量

扣子：适量

＊ 9cm 的小狗用 2 号钩针，
　 7cm 的小狗用 0 号钩针。

钩织方法

① 环形起针。

② 以右图为参考，一边钩一边加针，最后剪断线。

③ 钩织长度 8cm 左右的锁针，连接到步骤②完成的部件上。

④ 装上喜欢的扣子。

行数	针数	加针数
4~7	18	—
3	18	+6
2	12	+6
1	6	—

7行

小松鼠

小松鼠的主要特征是毛茸茸的大尾巴。
表情的变换可能会有点难，耐心地缝着试试吧！
耳朵靠近中间一些，会更像松鼠。

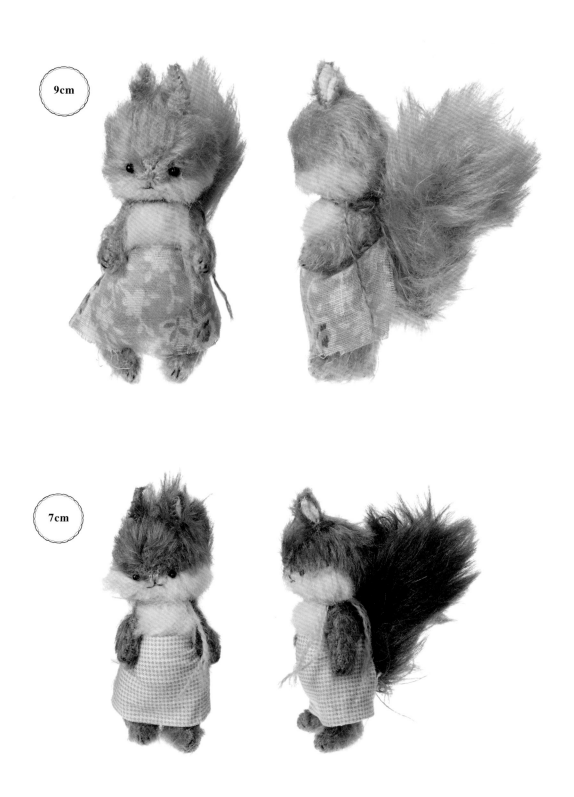

9cm

7cm

〈关于纸样〉

纸样请参看P.90。

＊ 7cm的小松鼠纸样需缩小至80%。

〈材料〉

9cm的小松鼠	7cm的小松鼠
喷花马海毛（毛长10mm）：13cm×15cm	喷花马海毛（毛长10mm）：11cm×13cm
羊驼毛（用于脸颊和肚子，毛长10mm）：5cm×8cm	羊驼毛（用于脸颊和肚子，毛长10mm）：4cm×7cm
直马海毛（用于尾巴，毛长15~20mm）：8cm×10cm	直马海毛（用于尾巴，毛长15~20mm）：7cm×8cm
麂皮绒（用于耳朵里面，白色，0.5mm厚）：2cm×4cm	麂皮绒（用于耳朵里面，白色，0.5mm厚）：2cm×3cm
黑玛瑙珠（直径2mm）：2颗	黑玛瑙珠（直径1.5mm）：2颗
玩偶关节片（6mm）：1套	玩偶关节片（6mm）：1套
不锈钢珠：适量	不锈钢珠：适量
缝纫线、尼龙线、刺绣线、毛绒玩偶专用填充棉：各适量	缝纫线、尼龙线、刺绣线、毛绒玩偶专用填充棉：各适量

围裙

喜欢的布料和毛线：适量

＊ 围裙的做法请参看小猫的围巾和围裙（P.55）。

＊ 将喜欢的毛线缠绕在脖子上。

制作步骤参见小熊（P.40）的内容。

小松鼠的脚没有脚掌，制作方法和手一样。

本节会介绍小松鼠特有的头的制作方法。

身体和耳朵的做法参看小猫（P.53~54）的相关内容，耳朵的安装方法参看小兔的招风耳安装方法（P.57）。

尾巴参看小狗尾巴的制作方法（P.65）。

分别给手和脚各刺绣3个指甲。

头的缝制

1
准备头部的上下、左右等裁片以及中间部分的裁片。

2
如图所示，将左右两侧的裁片分别上下正面相对缝合。

3
图例为脸部的其中一片缝合完成的样子。后续步骤和小熊头部的缝制方法相同。

提示

· 将填充棉塞得紧紧的，做出小松鼠脸颊鼓鼓的样子。

· 使用卷曲马海毛做尾巴会更可爱。

· 因裁片较大，请牢牢地缝在身体上。

小狐狸

小狐狸的特征是尖尖的耳朵和大大的尾巴。

将耳朵、手脚和尾巴的末端染成深色，让小狐狸看起来更具野性！

10cm

8.5cm

〈关于纸样〉

纸样请参看 P.90。

＊ 8.5cm 的小狐狸纸样需缩小至 85%。

〈材料〉

10cm 小狐狸

喷花马海毛（毛长 10mm）：15cm×18cm

羊驼毛（用于肚子，白色，毛长 10mm）：
7cm×4cm

麂皮绒（用于耳朵里面，白色，0.5mm 厚）：
2cm×5cm

黑玛瑙珠（直径 1.5mm）：2 颗

玩偶关节片（6mm）：1 套

不锈钢珠：适量

缝纫线、尼龙线、刺绣线、毛绒玩偶专用填充棉：
各适量

8.5cm 小狐狸

黏胶布料（毛长 5~6mm）：15cm×18cm

黏胶布料（用于肚子，白色，毛长 5~6mm）：
6cm×4cm

麂皮绒（用于耳朵里面，白色，0.5mm 厚）：
2cm×4cm

黑玛瑙珠（直径 2mm）：2 颗

玩偶关节片（6mm）：1 套

不锈钢珠：适量

缝纫线、尼龙线、刺绣线、毛绒玩偶专用填充棉：
各适量

制作步骤参见小熊（P.40）的内容。

由于小狐狸的脚没有脚掌，制作方法和手一样。

身体和耳朵参考小猫（P.53~54）的相关内容、尾巴参看小狗尾巴的制作方法（P.65）。

分别给手脚各刺绣 3 个指甲。

提示
用颜料把耳朵、手脚和尾巴的末端染黑，这样看起来
更像狐狸。

围裙

喜欢的毛线：适量

＊ 使用 1 号钩针。

钩织方法

① 10cm 的小狐狸钩 60 针锁针、8.5cm 的狐狸
　 钩 50 针锁针。

② 钩 3 行后，按个人喜好在两端加上流苏。也可
　 逐行更换毛线的颜色。

3行

60针（10cm的小狐狸）
50针（8.5cm的小狐狸）

小象

乍一看似乎很难制作的小象，其实每个裁片都很大，
是一款很适合初学者的毛绒玩偶。
建议使用浅色的布料，享受复古做旧加工的乐趣吧！

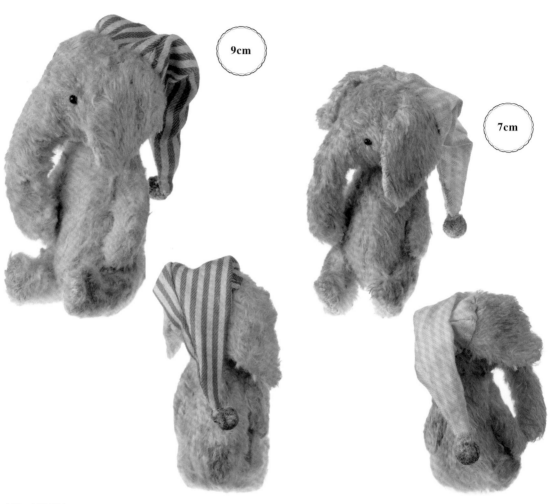

〈关于纸样〉

纸样请参看 P.91。

＊ 7cm 的小象纸样需缩小至80%。

〈材料〉

9cm 的小象

黏胶布料（毛长 5~7mm）：15cm×20cm

麂皮绒（用于耳朵里面，白色，0.5mm 厚）：
5cm×6cm

黑玛瑙珠（直径 2mm）：2 颗

玩偶关节片（6mm）：1 套

不锈钢珠：适量

缝纫线、尼龙线、刺绣线、毛绒玩偶专用填充棉：
各适量

7cm 的小象

黏胶布料（毛长 5~7mm）：13cm×18cm

麂皮绒（用于耳朵里面，白色，0.5mm 厚）：
4cm×6cm

黑玛瑙珠（直径 1.5mm）：2 颗

玩偶关节片（6mm）：1 套

不锈钢珠：适量

缝纫线、尼龙线、刺绣线、毛绒玩偶专用填充棉：
各适量

制作步骤参见小熊（P.40）的内容。

小象的脚不需要做脚掌，请使用和手同样的方法制作。

身体和耳朵的做法参看小猫（P.53~54）的相关内容，耳朵的安装方法参看小兔（P.57）的垂耳安装方法。

小象没有指甲，不需要刺绣。

头的缝制

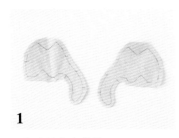

1

准备头的左右裁片。

2

分别在头的左右裁片上方收省。

3

收省完毕的左右裁片。

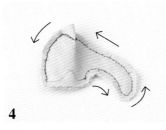

4

将步骤 3 裁片的正面相对，缝合
下巴下方至后脑勺段，如图所示。

5

分别在头的左右裁片下方收省。

6

头缝制完成的样子。

7

用镊子夹住鼻尖翻面，用圆头锥
从里面调整细节。

8

翻过来的样子。

睡帽

* 纸样参看 P.93。

喜欢的布料：适量

不锈钢珠（15mm）：1~2 颗

* 按纸样裁剪 2 片睡帽的裁片，将正面相对，缝合后翻面。然后将
布边向内折，再压缝一圈明线。

* 帽顶小球的制作，先留出缝份沿着净缝线疏缝一圈，然后放入不
锈钢珠再用力拉紧线，打结。

* 用金色的马克笔染色后，将小球缝在睡帽的顶部。

* 将睡帽缝合在头上。

小鼠

小鼠的特征是卷曲的尾巴。
只需变换尾巴刺绣线的颜色或眼睛的位置,
就能做出形态各异的小鼠。

〈关于纸样〉

纸样请参看 P.91。

＊7cm 的小鼠纸样需缩小至 80%。

〈材料〉

9cm 的小鼠

喷花马海毛（毛长 10mm）：12cm×16cm

麂皮绒（用于耳朵里面，白色，0.5mm 厚）：
2cm×4cm

黑玛瑙珠（直径 2mm）：2 颗

玩偶关节片（6mm）：1 套

不锈钢珠：适量

钢丝（26 号）：适量

缝纫线、尼龙线、刺绣线、毛绒玩偶专用填充棉：
各适量

7cm 的小鼠

黏胶布料（毛长 5~6mm）：10cm×14cm

麂皮绒（用于耳朵里面，白色，0.5mm 厚）：
2cm×3cm

黑玛瑙珠（直径 1.5mm）：2 颗

玩偶关节片（6mm）：1 套

不锈钢珠：适量

钢丝（26 号）：适量

缝纫线、尼龙线、刺绣线、毛绒玩偶专用填充棉：
各适量

制作步骤参见小熊（P.40）的内容。

由于小鼠的脚不需要做脚掌，请使用和手同样的方法制作。接下来说明小鼠特有的尾巴的制作方法。

身体和耳朵的做法参见小猫（P.53~54）的相关内容。

耳朵的安装方法参看小兔的招风耳安装方法（P.57）。

分别给手脚各刺绣 3 个指甲。

尾巴的制作方法

1
用钳子将钢丝对折。

2
在钢丝末端涂抹胶水。

3
取1股刺绣线，缠绕在钢丝上。

4
从末端逐圈缠绕。

5
一边涂抹胶水一边向前缠绕。

6
缠绕大概 6cm 后，留下 1cm 左右空段，剪掉剩余的部分。

7
按个人喜好随意弯曲尾巴的末端。

8
在钢丝末缠绕线的一端涂抹胶水并插入屁股位置。

围脖

* 纸样参看 P.93。

喜欢的布：适量

珠子：适量

锁边液：适量

* 按照纸样裁剪布料，并在布边涂上锁边液。

* 缝上喜欢的珠子，然后系在脖子上。

坐着的小兔

这款小兔玩偶不需要装玩偶关节片。
用短马海毛或袖珍玩偶毛皮，会产生一种朴素的质感。
简单围条丝带就很可爱。

〈关于纸样〉

纸样请参看P.92。

＊6cm小兔子纸样需缩小至80%。

〈材料〉

8cm 的兔子

短马海毛（毛长 5mm）：13cm×11cm

麂皮绒（用于耳朵里面，白色，0.5mm 厚）：
3cm×3cm

黑玛瑙珠（直径 1.5mm）：2 颗

缝纫线、刺绣线、毛绒玩具用填充棉：各适量

喜欢的丝带：适量

6cm 的兔子

袖珍玩偶专用毛皮：11cm×10cm

麂皮绒（用于耳朵里面，白色，0.5mm 厚）：
3cm×3cm

缝纫线、刺绣线、毛绒玩具用填充棉：各适量

喜欢的丝带：适量

在布上拓纸样

需要注意毛绒布料的毛向，在布的反面拓图。

裁剪布料

裁剪时留出3mm缝份。

身体和手脚的缝制

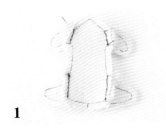

1

将肚子和手脚缝合。注意手脚的朝向。

2

将身体的左右裁片正面相对，缝合鼻尖至下巴下方段。保留剩余的线。

3

将步骤1完成的裁片正面相对，放在步骤2的中间，缝合×记号处并剪断线。

4

将○记号重合，按脚→手→下巴→手→脚的顺序缝合一圈。接着缝合到◎记号处。

5

将头的中间部分的裁片与身体裁片正面相对并缝合一圈。

6

所有部分缝合完毕的样子。

7

用镊子夹住一部分布，从返口翻面。用圆头锥从内部调整细节，然后翻面。

8

塞入填充棉，图例为返口缝合完毕的样子。

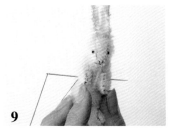

9

如果不喜欢打开的手脚，可以按照小熊的四肢安装方法（P.50）将其收紧。

耳朵的缝制

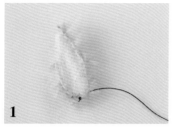

1

将用作耳朵内部的麂皮绒放置在耳朵外部裁片的内侧，然后将耳朵外部裁片的边缘向内翻折，进行锁缝。保留剩余的线。

2

用浅粉色的酒精马克笔涂抹耳朵里面。

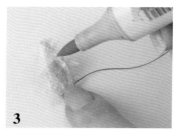

3

在步骤2效果的基础上涂抹深粉色。

4

用手指晕染颜色。

5

将耳根对折，缝两三针固定。

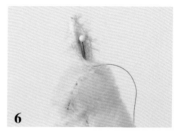

6

用定位针固定在头上，然后缝合。

尾巴的安装

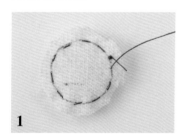

1

留出缝份，沿净缝线疏缝一圈。然后翻面。

2

将填充棉塞入步骤1完成的尾巴内，用力拉紧线，打结。

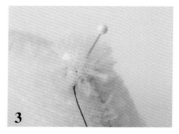

3

用定位针将尾巴固定，缝合在屁股上。

鼻子和嘴的刺绣

1 取 2 股刺绣线穿针，从下巴旁边入针，从鼻尖出针。

提示 刺绣线用1股或2股皆可。根据毛绒玩偶的尺寸、自己的喜好选择。

2 横向刺绣鼻子，在下方出针并用线勾住，形成一个"V"字。

3 在鼻尖下方 2mm 处入针。从斜右下角处出针，在鼻子下方再次入针。另一边也用同样的绣法，最后在后脑勺出针，打结并做收尾处理。

制作眼睛

1 用定位针确定眼睛的位置。

2 参看小熊眼睛的制作步骤（P.47）完成小兔的制作。

提示 6cm 的兔子取 2 股线穿针，用法式结粒绣绣出眼睛。

收尾

仅需用拔毛钳按个人喜好整理表面的毛，或用纺织品专用颜料做复古风加工，或者更换不同纹理的布料，就能收获风格各异的小兔。做好后，把丝带缠在脖子上作为围巾。

提示 短马海毛虽然毛发较短，但通过整体的修剪，依然能得到不错的造型。

四脚站立的小狗

这是四只脚站立的小狗玩偶。

斑点、耳朵颜色的变化等细节可以赋予玩偶不同的个性。

配上项圈，把它弄得脏兮兮的也很可爱呢！

如果家有爱犬，那就按照它的颜色来制作吧！

〈关于纸样〉

纸样请参看 P.92。

＊ 5cm 的小狗纸样需缩小至80%。

〈材料〉

6cm 的小狗

黏胶布料（毛长 5~7mm）：13cm×12cm

缝纫线、刺绣线、毛绒玩偶专用填充棉、锁边液：

各适量

5cm 的小狗

黏胶布料（毛长 5~7mm）：11cm×10cm

缝纫线、刺绣线、毛绒玩偶专用填充棉、锁边液：

各适量

在布上拓纸样

1

需要注意毛绒布料的毛向，在布的反面拓纸样。

身体及手脚的缝制

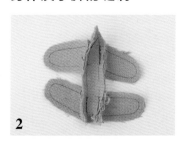

2

将肚子和手脚的裁片正面相对缝合。注意手脚的朝向。

3

将身体的左右片正面相对，缝合鼻尖的 ● 记号到下巴的 × 记号段。继续将肚子的 × 记号缝合固定，将线剪断。

4

将身体的◎记号和肚子的◎记号重合并入针。

5

参看兔子制作方法（P.77）"身体和手脚的缝制"的步骤4，缝合一周。

6

缝合一周，回到◎记号，继续缝合到○记号处。之后缝制头的中间部分。最后用镊子从返口翻面，再用圆头锥从内部整理细节。

耳朵及眼睛的安装

1

沿纸样剪下耳朵，用锁边液涂抹布边，晾干后备用。之后将耳根缝在头上。

2

用定位针确定眼睛的位置。

3

取2股刺绣线，用法式结粒绣绣出眼睛。

提示　鼻子和嘴巴的刺绣线用1股或2股皆可。根据毛绒玩偶的尺寸和自己的喜好选择。

收尾

1

用水稀释纺织品专用颜料，用笔涂抹耳朵、身体和脚等部位，做出因经年老化而变脏的效果。

2

涂完之后用手摩擦，使其更自然。

3

涂好的样子。

四脚站立的小羊

这只小羊的亮点是豆豆眼和用火柴棒做的小细腿。
建议做很多个，将它们摆成一排，当作软装。
这款毛绒玩偶使用不同质感的布料制作，可带来不同的风格。

〈关于纸样〉

纸样请参看P.93。

＊6cm的小羊纸样需缩小至80%。

〈材料〉

8cm的小羊

短马海毛（毛长5mm）：12cm×15cm

缝纫线、刺绣线、毛绒玩偶专用填充棉、火柴棒、

锁边液：各适量

6cm的小羊

卷毛黏胶布料（毛长7mm）：10cm×13cm

缝纫线、刺绣线、毛绒玩偶专用填充棉、火柴棒、

锁边液：各适量

提示 除短马海毛以外，还可以使用羊毛、卷曲马海毛或者黏胶布料等多种多样的布料来制作这款玩偶。

身体及手脚的缝制

1

和兔子（P.77）的制作方法一样，将肚子和手脚的裁片正面相对缝合。注意手脚的朝向。

2

将身体的左右裁片正面相对，缝合●记号到○记号段。接着将肚子的○记号缝合固定。

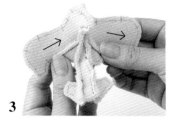

3

缝合左右两前肢的外侧。

4

留出前脚的返口，缝合肚子下面前后脚之间的部分。

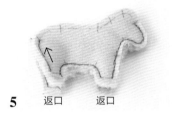

5

后脚也同样留出返口，自返口向上缝合至屁股。

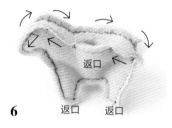

6

留出返口缝合背部。4 个脚尖因要插入火柴棒，故无需缝合。

7

用镊子夹住一部分布，从返口翻面。

8

用圆头锥从里面调整细节，塞入填充棉，闭合背部返口。脚尖处保持开口。

耳朵及眼睛的安装

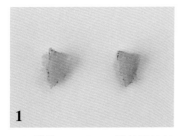

1

沿纸样剪下耳朵，用锁边液涂抹布边，晾干备用。

2

取2股刺绣线，用法式结粒绣绣出眼睛。将耳朵对折，用定位针确定位置，缝合折起来的地方。

提示 鼻子和嘴巴的刺绣线用1股或2股都可以。根据毛绒玩偶的尺寸和自己的喜好来选择。

3

耳朵、眼睛、鼻子、嘴巴安装完毕的样子。

尾巴的安装

1

沿纸样剪下尾巴，用锁边液涂抹布边，晾干备用。

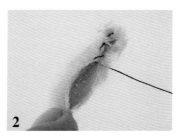

2

将裁片对折后，从较细的一边开始锁缝。

3

用定位针确定位置，用同一根线继续缝制。

脚的安装

1 用火柴棒做腿，如果棉花不够，可以从开口处添加。注意别塞太多棉花，以免火柴棒插不进去。

2 将火柴棒剪成 2cm 左右的小段。

3 在火柴棒末端涂抹木工胶。

4 从脚的开口处插入火柴棒，用力压紧固定。

5 4 根火柴棒安装完成的样子。

6 观察小羊站立状态是否平衡，然后用美工刀切割火柴棒，统一脚的长度。

7 用酒精马克笔将脚尖涂黑。

纸 样

- 纸样是实际大小。
- 请通过复印机或硫酸纸来复制使用。
- ↓指毛流的顺毛方向,拓描纸样时照此方向摆放布料。
- 注明"对称"的部分,需要将纸样反过来拓描。
- 纸样未添加缝份,裁剪时请留出3mm缝份。
- 注明"☆"的纸样无需缝份,请沿实线裁剪。
- 使用长毛布料时,将缝份的毛稍作修剪更易于缝制。

小熊

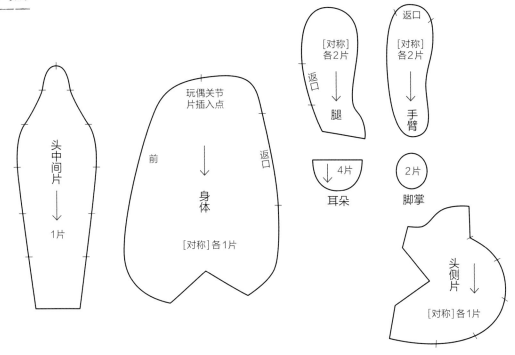

头中间片
↓
1片

玩偶关节片插入点
↓
前   返口
身体
[对称]各1片

[对称]各2片
返口
↓
腿

返口
[对称]各2片
↓
手臂

↓ 4片
耳朵

2片
脚掌

头侧片
↓
[对称]各1片

小猫

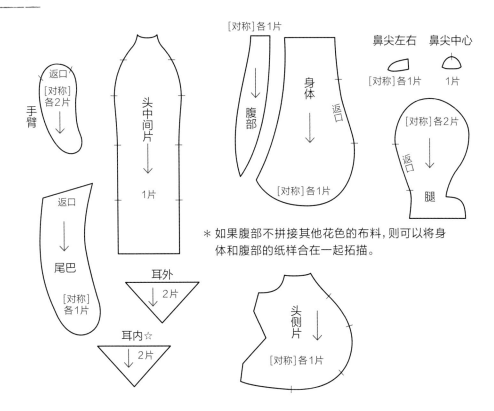

返口
[对称]各2片
手臂
↓

头中间片
↓
1片

[对称]各1片
腹部
↓

身体
↓
返口

[对称]各1片

鼻尖左右
[对称]各1片

鼻尖中心
1片

[对称]各2片
返口
↓
腿

返口
↓
尾巴
[对称]各1片

耳外
↓ 2片

耳内☆
↓ 2片

头侧片
↓
[对称]各1片

＊如果腹部不拼接其他花色的布料，则可以将身体和腹部的纸样合在一起拓描。

小兔

玩偶关节片插入点
（腹部和身体的缝合处即插入口）

垂耳外面
[对称]
各1片

垂耳里面
☆
[对称]
各1片

头中间片
1片

腹部
[对称]
各1片

身体
返口
[对称]各1片

头侧片
[对称]各1片

手臂
返
[对称]
各2片

尾巴
1片

立耳外面
2片

立耳里面
☆
2片

腿
返口
[对称]各2片

＊ 如果腹部不拼接其他花色的布料,则可以将身体和腹部的纸样合在一起拓描。

小小熊和小小兔

小小熊

身体
前   返口
[对称]各1片

耳
4片

头中间片
1片

头侧片
[对称]
各1片

脚掌
2片

腿
返口
[对称]各2片

手臂
返口
[对称]各2片

小小兔

头中间片
1片

头侧片
[对称]
各1片

身体
前   返
[对称]各1片

手臂
返口
[对称]
各2片

尾巴
1片

腿
返口
[对称]各2片

耳外
2片

耳内☆
2片

小羊

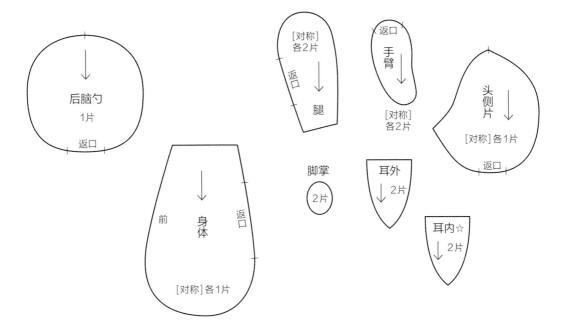

后脑勺
1片
返口

[对称]
各2片
返口
腿

返口
手臂
[对称]
各2片

头侧片
[对称]各1片
返口

前 身体 返口
[对称]各1片

脚掌
2片

耳外
2片

耳内☆
2片

小狗

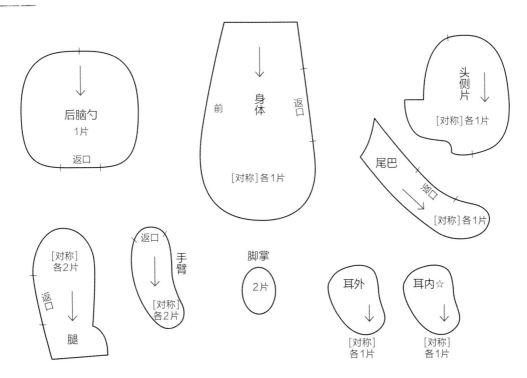

后脑勺
1片
返口

前 身体 返口
[对称]各1片

头侧片
[对称]各1片

尾巴
返口
[对称]各1片

[对称]
各2片
返口
腿

返口
手臂
[对称]
各2片

脚掌
2片

耳外
[对称]
各1片

耳内☆
[对称]
各1片

小松鼠

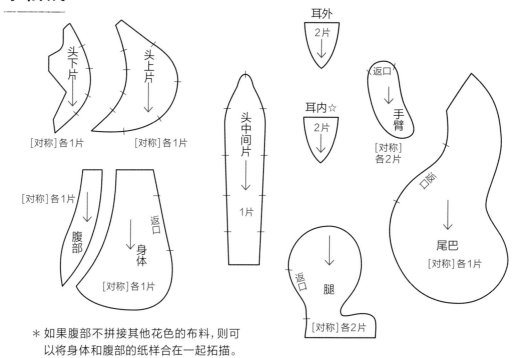

耳外
2片

头下片
[对称]各1片

头上片
[对称]各1片

头中间片
1片

耳内☆
2片

返口
手臂
[对称]
各2片

腹部
[对称]各1片

身体
返口
[对称]各1片

返口
腿
[对称]各2片

口腔
尾巴
[对称]各1片

* 如果腹部不拼接其他花色的布料,则可
以将身体和腹部的纸样合在一起拓描。

小狐狸

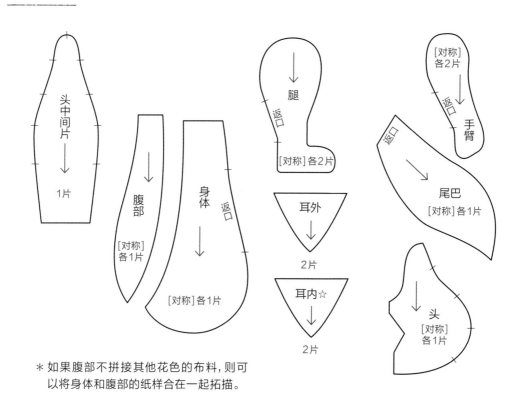

头中间片
1片

腹部
[对称]
各1片

身体
返口
[对称]各1片

腿
返口
[对称]各2片

耳外
2片

耳内☆
2片

[对称]
各2片
返口
手臂

返口
尾巴
[对称]各1片

头
[对称]
各1片

* 如果腹部不拼接其他花色的布料,则可
以将身体和腹部的纸样合在一起拓描。

小象

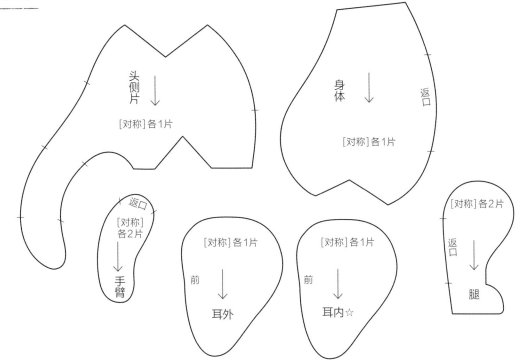

头侧片
[对称] 各1片

身体 返口
[对称] 各1片

返口
[对称] 各2片
手臂

[对称] 各1片
前
耳外

[对称] 各1片
前
耳内☆

[对称] 各2片
返口
腿

小鼠

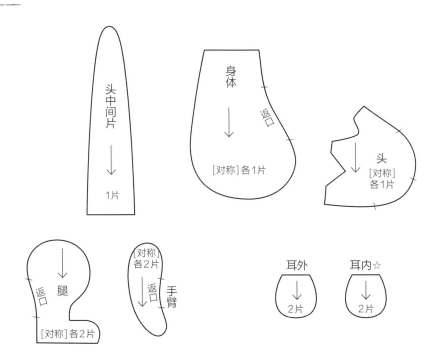

头中间片
1片

身体 返口
[对称] 各1片

头
[对称] 各1片

返口 腿
[对称] 各2片

[对称] 各2片
返
手臂

耳外
2片

耳内☆
2片

坐着的小兔

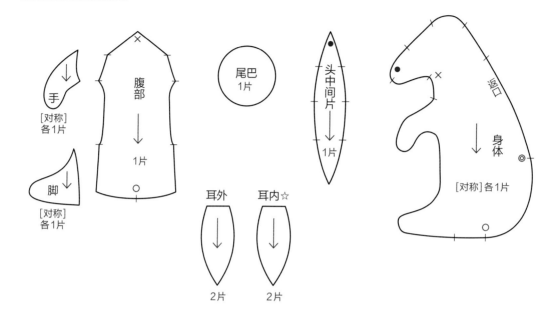

手
[对称]
各1片

脚
[对称]
各1片

腹部
↓
1片

尾巴
1片

头中间片
↓
1片

身体
返口
↓
[对称]各1片

耳外
↓
2片

耳内☆
↓
2片

四脚站立的小狗

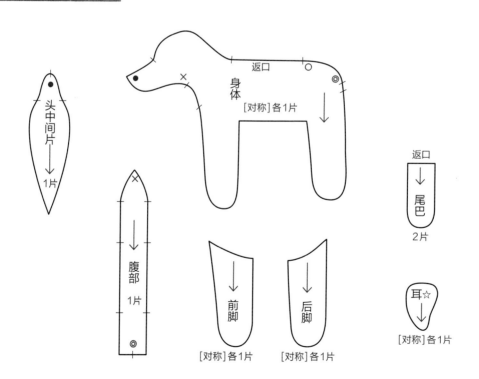

头中间片
↓
1片

腹部
↓
1片

身体
返口
[对称]各1片
↓

前脚
↓
[对称]各1片

后脚
↓
[对称]各1片

返口
↓
尾巴
2片

耳☆
↓
[对称]各1片

四脚站立的小羊

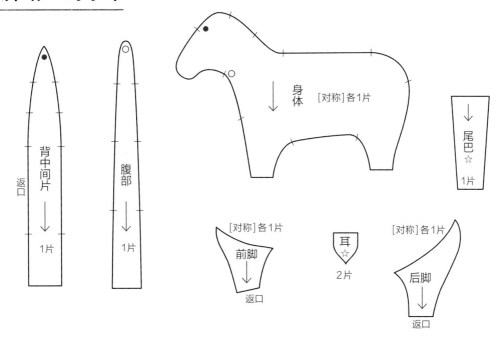

背中间片
返口
↓
1片

腹部
↓
1片

身体
[对称]各1片
↓

尾巴
☆
↓
1片

[对称]各1片
前脚
↓
返口

耳
☆
2片

[对称]各1片
后脚
↓
返口

小象的睡帽

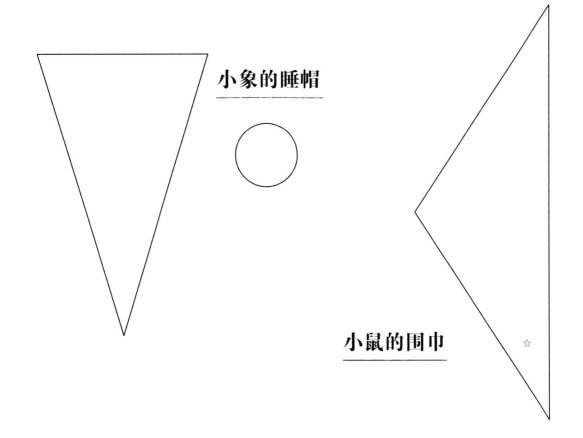

小鼠的围巾

☆

森田宽子

森田宽子moriのえほん

在英国生活期间,森田宽子对泰迪熊产生了浓厚的兴趣。回到日本后,她从2013年起开始了迷你布偶的自学创作之旅。她擅长运用手工染色技术,经常在创作中巧妙地使用复古布料,并自制玻璃眼珠,创作出充满氛围感的作品。

凭借作品独特的风格和精湛的工艺,森田宽子迅速积累了大量粉丝。在东京玩偶之家迷你展等多项活动中,她的作品受到了广泛关注。同时,她与迷你模型作家和插画家的合作项目也广受欢迎,这些跨界合作为她的作品增添了更多创意和故事性。

Instagram: @pohirohiro

日版创作团队

书籍设计:Kana Tsukada
摄影:Akira Yamaguchi, Kazue Shibuya
造型:Kaori Maeda
模特:Emily Mori
编辑:Yoko Koike(Graphic-sha Publishing Co., Ltd.)

图书在版编目(CIP)数据

掌心里的童话: 古董毛绒小动物制作/(日)森田宽子著;田草译. -- 上海:东华大学出版社,2025.1.
-- ISBN 978-7-5669-2445-2

Ⅰ. TS958.6

中国国家版本馆 CIP 数据核字第 2024VE6788 号

タイトル: アンティークな小さい動物たち 手のひらにのせて楽しむぬいぐるみ

著者: 森田寛子

© 2024 Hiroko Morita

© 2024 Graphic-sha Publishing Co., Ltd.

This book was first designed and published in Japan in 2021 by Graphic-sha Publishing Co., Ltd.

This Simplified Chinese edition was published in 2025 by Donghua University Press Co., LTD.

Simplified Chinese translation rights arranged with Graphic-sha Publishing Co., Ltd. through CA-LINK International LLC

版权登记号:图字 09-2024-0698 号

责任编辑:哈申
装帧设计:Ivy

掌 心 里 的 童 话
古董毛绒小动物制作

ZHANGXIN LI DE TONGHUA
GUDONG MAORONG XIAODONGWU ZHIZUO

著 者:[日]森田宽子
译 者:田草
出 版:东华大学出版社
(上海市延安西路 1882 号 邮政编码:200051)
出版社网址:dhupress.dhu.edu.cn
天猫旗舰店:http://dhdx.tmall.com
营 销 中 心:021-62193056 62373056
印 刷:上海万卷印刷股份有限公司
开 本:787 mm x 1092 mm 1/16
印 张:6
字 数:135 千字
版 次:2025 年 1 月第 1 版
印 次:2025 年 5 月第 2 次印刷
书 号:978-7-5669-2445-2
定 价:79.00 元